"绿宝瓶" 科普系列丛书

新能源卷

丛书主编◎郭曰方
执行主编◎凌 晨

太阳闪耀

凌 晨◇著
侯孟明德◇插图

U0179266

山西出版传媒集团
山西教育出版社

图书在版编目（CIP）数据

太阳闪耀 / 凌晨著. — 太原：山西教育出版社，
2021.1
（"绿宝瓶"科普系列丛书 / 郭曰方主编. 新能源
卷）
ISBN 978 – 7 – 5440 – 9833 – 5

Ⅰ．①太…　Ⅱ．①凌…　Ⅲ．①太阳能—青少年读物
Ⅳ．①TK511 – 49

中国版本图书馆 CIP 数据核字（2021）第 011570 号

太阳闪耀
TAIYANG SHANYAO

策　　划	彭琼梅	
责任编辑	裴　斐	
复　　审	韩德平	
终　　审	彭琼梅	
装帧设计	孟庆媛	
印装监制	蔡　洁	
出版发行	山西出版传媒集团·山西教育出版社	
	（太原市水西门街馒头巷 7 号　电话：0351-4729801　邮编：030002）	
印　　装	山西三联印刷厂	
开　　本	787 mm × 1092 mm　1/16	
印　　张	6	
字　　数	134 千字	
版　　次	2021 年 3 月第 1 版　2021 年 3 月山西第 1 次印刷	
印　　数	1 – 5 000 册	
书　　号	ISBN 978 – 7 – 5440 – 9833 – 5	
定　　价	28.00 元	

如发现印装质量问题，影响阅读，请与山西教育出版社联系调换。电话：0351–4729718

目录

新能源 新未来

　　同学们，你们知道吗？我们的人类社会能够正常运转，离不开能源。可以说，能源是维持我们生活非常重要的物质基础之一，攸关国计民生和国家安全。

　　在过去，煤炭虽然为我们的生活做出了巨大贡献，但是也给我们的生存环境造成了极大的污染。目前，我国能源消费总量居世界第一，但总体上煤炭消费比重仍然偏高，清洁能源比重偏低。全世界都在积极地寻找对环境影响比较小的清洁能源，我们的国家怎么能落后呢？所以，我国的科学家也在努力地开发新能源，以还一个碧水蓝天的世界给我们。

　　新能源属于清洁能源，开发利用不会污染环境，并且能够循环使用，对降低二氧化碳排放强度和污染物排放水平有重要作用，也是建设美丽中国、低碳生活的关键。这套"绿宝瓶"丛书，正是从节约能源的角度，介绍近年来新能源的开发和利用，包括太阳能、风能、水能、核能、生物质能、燃料电池（氢能）等，比较全面和系统。

　　近年来，我国新能源的开发利用规模扩大得非常快，水电、风电、光伏发电累计装机容量均居世界首位，核电装机容量居世界第二，在建核电装机容量世界第一。即便如此，我们也不能骄傲，我们与习近平总书记提出的"二氧化碳排放力争于2030年前达到峰值，努力争取2060年前实现碳中和"这个目标要求仍有很大差距。为了达到这个目标，我们的政府积极制定了很多措施，要在供给侧坚持高碳能源清洁化，清洁能源规模化，还要在需求侧坚持节约能源，不仅仅要在工业、交通、运输、建筑、公共机构等高耗能领域推广节能理念，采用节能技术，更要推动可再生能源等替代化石能源。

　　同学们，你们是国家的未来，相信你们在读完这套丛书之后能更好地了解新能源知识，并且为把我国建设得更加美丽而身体力行。

　　加油！

国家能源集团低碳研究院　庞柒

引言 如果没有太阳

太阳每天都自东而升，自西而落，这是我们熟识的情形。大地万物沐浴着阳光，蓬勃生长。

你有没有想过，有一天太阳会突然消失？

电影《流浪地球》中，地球因为远离太阳而造成地面冰冻的场景

如果太阳消失了，我们人类将面临什么样的世界？ 这不是日全食，太阳暂时躲在了月球背后，大地只是短暂失去了光明。这次是永久的，世界陷落在黑暗之中，连一点月光都没有。因为月亮自个儿不会发光，它只是反射太阳的光芒而已。

日食

1

大地在一点点变冷。一个星期之后，整个地球的平均温度就降到 0 ℃以下，这使得取暖成了最重要的事情。但是由于低温，传输电力的线路被冻坏，热力管道被冻坏，在城市中的我们既不能用电取暖，也无法用常规的水热暖气取暖，寒冷会使我们逐渐丧失思考能力。生活在乡村中的人们还能去找些木柴燃烧取暖，但木柴很快就被砍伐干净。那些曾经源源不断输送电力的水力发电厂由于江河被冻结而无法工作；煤电厂虽然能发电，但是输电线路被冻结后就无法送出电了。

一个月之后，地球的平均温度降到 -50 ℃，而且还会继续下降。失去太阳的巨大能量，地球表面将变得寒冷干燥，再也不适合人类生存。

太阳一直维系着地球生物的生存。我们现在使用的能源主要是煤炭和石油，它们是遥远过去的动植物遗体积累的产物。植物依靠太阳生长，利用太阳能将无机物转化成有机物；动物依靠植物生存，它们经过千万年复杂的地壳运动，成为现在的煤炭和石油。

万物生长靠太阳

那么，人类可不可以直接利用太阳能呢？

2

如果你坐上汽车，沿京大高速公路向西北方行进，爬上黄土高原后，你会发现在那些褐黄干枯的石头地上，出现了一片一片的黑色物体。随着方向的改变，你的观察角度也在改变，你会发现那些黑色物体不怎么黑了，而且还闪动着光芒，有时还会映衬出天空的颜色。

猜猜看，这些黑色物体是什么？

黑色的石头？错了。

黑色的蔬菜大棚？不对。

黑色的河？……好吧，别乱猜了。

答案是太阳能电池。它的标准名字叫太阳能光伏电池板。

这些排列整齐的黑色物体都是太阳能光伏电池板。

整个一座山向阳的坡地上，都被电池板铺满了，形成了一个太阳能发电站。

这样的太阳能发电站，一个又一个从你的车窗外掠过，直到你的惊讶变成"熟视无睹"。

5

但是当你下了高速公路，沿着崎岖的山路深入一条山沟，你又会变得不镇定。因为在那条沟壑的山壁上，有一座墙壁、屋顶都铺了太阳能电池的房子，它在阳光下亮闪闪的，特别醒目。

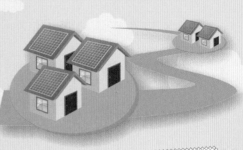

在房子所处的位置，是无法将电线拉过去的。但正是因为这个位置，才让这座房子终年沐浴在阳光中，享受着充分的光照。

太阳能发电，是最适合这座房子的供能方式。

太阳能发电提供的电量能不能满足房子中住户的需求？照明、通信和烹饪当然是最基本的需要，必不可少。这里冬天的平均温度为 −10 ℃，夏天的最高温度能达到 35 ℃，早晚温差很大，因而冬天取暖和夏天降温也是必需的。

为了能够尽可能多地利用太阳能，在这座房子的屋顶和向阳面都安装了高效率的太阳能电池。电池将吸收的太阳能转化成电能，供给房屋的各个用电设备，多余的电被储存在蓄电池中。

如果遇到阴天，没有太阳，这座房子的功能不会受到任何影响。

房子的照明、通信用电没问题，做饭用电磁炉、微波炉、电饭锅等电器，取暖有电暖器，降温有空调，还有电视等娱乐设备，这些电器用电都没有问题。

蠹鱼字典

世界上第一座太阳能房

1938 年，世界上第一座太阳能房建成了。这座房子是美国麻省理工学院（简称MIT）的科研团队为了科研目的修建的。他们使用平板集热器将夏天太阳的辐射能量积存起来用于冬天取暖。这是人类历史上第一次尝试长期储热蓄能。由于是试验性的，这座房子仅仅是一个单层建筑，只有两个房间。平板集热器由三层玻璃盖板和钢管板吸热器组成，与屋顶连接为一体，朝南倾斜28°。地下室中有一个大容量的钢制贮热水箱，保温效果良好，储存的热量通过一个热风系统供冬季采暖。这座房子不用其他的辅助热源，就能满足冬季取暖需求。研究者通过对这座房子以及后续改进版本的一系列试验，寻找最高效和简便的太阳能建筑模式。

MIT 修建的太阳能房吸引了很多人的目光。热衷于寻找污染小、效率高的清洁能源的研究者们，就以这个房子为基础，寻找能源技术的新突破口。

1949 年临近年底时，多佛太阳能房建成了。 不同于 MIT 之前修建的太阳能房，它的第二层楼地板以上的整个南面布满了双层玻璃空气集热器，面积约为 66.89 平方米。

每个集热器由大约 4 平方米的花玻璃组成，两块玻璃之间留有 19 毫米的空气间隙，玻璃之间安装了涂黑漆的镀锌钢板作为吸热板。

冬季，玻璃之间的空气被加热，随即送到三个能储存热量的集热箱中。**集热箱储存的热量足够整个房间冬季的采暖。**

布达佩斯大学的太阳能房

布达佩斯大学的太阳能房看起来像来自另一个世界，它坐落在布达佩斯大学历史悠久的砖砌建筑之间，而且只有一层，黑色外观，形状像梯子。这座太阳能房的最长边朝南，安装了落地滑动玻璃门，门开向光线充足的通风房间。房间里有一面黑色的独立长墙，便于吸收热量。

布达佩斯大学的太阳能房成功地利用了太阳能，而且太阳能为它提供了两倍用电量的能源。

近年来，对太阳能房的研究一直没有停止过。

2015 年，挪威的零排放建筑研究中心和斯内赫塔建筑事务所联合推出了一种太阳能房。房顶覆盖了 150 平方米的太阳能电池板，与水平面形成的夹角为 19°，朝向东南，这样能确保充分吸收太阳能，再加上太阳能热水器吸收的光能，这套房一年能发电 2.32 万千瓦时，而房子本身一年用电仅需 7272 千瓦时，这其中还包括了游泳池和桑拿房的用电。所以，多出来的电量完全可以供养一部电动车。

设计者还专门设计了窗户和天井用来加强采光，设计的雨水收集设备可以提供厕所用水和灌溉用水，每间房配备有传感器，用来判断是否需要启动照明和采暖。

这套太阳能房还带有一个用回收木料建成的室外用餐区和一个小菜园，使住户减少了开支的同时，享受到田园之乐。

千 瓦 时

千瓦时是电量的常用单位，就像米是长度的常用单位。1千瓦时其实就是一度电，含义是一只1000 W的灯泡亮一小时消耗的电量。这个电量可不小，一般情况下，1千瓦时可以维持一只25 W的灯泡亮40个小时，或者一台家用电冰箱工作36个小时，或者一台一匹的空调运行1.5个小时。用电热水壶烧开8千克的水或者看10个小时的电视就耗电1千瓦时，也就是1度电！

弗莱堡是德国西南边境的一座小城市，靠近法国和瑞士，阳光灿烂，年平均日照时间超过1800小时，属于德国日照较为丰富的城市之一。

"靠山吃山，靠水吃水"，天天都有大太阳的地方，当然要利用起太阳能这个免费能源了。

于是，弗莱堡人请来一位专门设计太阳能建筑的设计师罗尔夫·迪施，让他根据弗莱堡的特点，打造一个现代化的社区。

罗尔夫·迪施带着他的设计团队，经过调查研究，确定设计思路就是要最大限度地利用太阳能！

具体来说，就是要把能量消耗降到最低，把对环境的污染降到最低，给住户一个优美舒适的生活环境，同时也要满足住户的生活需求，不能为了环境优美搞得大家生活不方便。

迪施设计的这个社区，所有的建筑物屋顶都采用了大面积的太阳能面板，从高处俯瞰下去，这些房屋就像是一艘艘的太阳能船，因此这个社区就叫做"太阳船"社区，它是欧洲的样板太阳能住宅工程。虽然社区是在 2004 年修建的，但直到今天，社区所采用的技术都没有落伍。

迪施在建造这个社区的过程中，不仅使用了高技术设备，还翻阅了大量资料。在房屋朝向问题上，他参考了中国以及古罗马等地的人们在建造房屋时的做法，那就是房屋朝向要向阳，充分发挥太阳的作用。

古代人修建房屋时要看朝向，他们知道向阳面暖和，背阴面因太阳照不到，要冷一些。

工业革命后，人类不仅能造高楼大厦，还发明了可以调节气温的空调，在大楼中见不到阳光的房间装上空调就可以解决一些问题。随着科学技术水平的提高，建房者一度不考虑太阳的作用，觉得讲究朝向的设计理念很落后。

当时的人们相信：利用技术手段可以征服大自然，电气化和矿物能源在驱动、加热、照明和调节气候等方面无所不能。矿物能源就是我们都熟悉的煤炭、石油。

那时，人们对滥用资源会给环境带来什么影响并不感兴趣。直到 20 世纪 70 年代发生了石油危机，人们才意识到石油、煤炭等矿物能源是有限的，总会有耗尽的那一天。

人类不可能征服大自然，只能与大自然和谐相处。

石油危机

石油危机是世界经济或各国经济受到石油价格变化的影响所产生的经济危机。1960年9月石油输出国组织成立，主要成员包括伊朗、伊拉克、科威特、沙特阿拉伯和南美洲的委内瑞拉等国。石油输出国组织也成为世界上控制石油价格的关键组织。迄今被公认的三次石油危机，分别发生在1973年、1979年和1990年。石油危机造成石油价格上涨，对发达国家的经济造成了严重的冲击。1973年的危机中，所有工业化国家的经济增长都明显放慢。1979年的危机状态持续了半年多，成为20世纪70年代末西方经济全面衰退的一个主要原因。1990年的第三次危机使得美国、英国经济加速陷入衰退，全球经济增长率跌到最低点。国际能源机构启动了紧急计划，每天将250万桶的储备原油投放市场，以沙特阿拉伯为首的石油输出国组织也迅速增加产量，这才稳定了世界石油价格。

罗尔夫·迪施从1969年就开始研究建筑对环境的影响，在弗莱堡"太阳船"社区的设计上有自己独特的看法。

弗莱堡"太阳船"社区一共有52座房子，房子的底层是商业门面，上面三层楼是办公室或者商用房，最上面的阁楼是居室。这些建筑物是分开的，以便低层在冬季能够接收到足够的光线。

建筑朝向都是向阳的，南面的屋顶比北面的更宽大，这样可以获得更多的太阳能。

冬季，低垂的太阳可以照射到室内，有助于取暖；夏季，宽大的屋顶和阳台可以遮蔽烈日。

建筑的北面全部密封或开小窗，这样可以阻挡冷风或暴风雨的入侵。南面则相反，窗户宽敞且镶嵌着明亮的玻璃，达到夏季能屏蔽高温、冬季能够保暖的效果。人们还能透过窗户看到室外花园般的环境。住宅的卧室设在南边，厨房和附属房间设在北边。

在材料的选择上，房子的外墙有3米厚，采用保温材料，可以防止热能散失。内墙采用保暖材料，可保持室内温暖。

建筑的外墙均使用天然颜料涂刷，使人感觉非常舒适。

在建筑内部装有通风设备，冬天给居室带来温暖，夏天则带来凉风。在弗莱堡，仿佛时光倒退，那里的人家几乎都不安装空调。

"太阳船"社区的建筑窗户、阳台使用的都是三层真空玻璃，基本隔绝了室外温度对室内的影响，可调节的百叶窗不仅替代了空调，而且可以通过控制阳光来平衡室温。

虽然这种房子的建造成本很高，但在未来几十年的使用过程中，其节省的能源将大大超过其建造成本。

在住宅中使用光电技术，向阳的房间可节约很多能源，使得消耗的能量只有产生能量的1/4，居民们不用担心石油危机和能源涨价。相反，他们还能赚到钱。这其中的奥秘就在于夏天光照比较充足，太阳能发出的电用不完，多出来的部分就被储存起来并输送到社区公共电网中，居民可以收取输出所得到的回报电价；到了冬天，日照不足，太阳能没有那么多了，居民再从公共电网获取所需的电能。

"太阳船"社区被称为"增能住房"，意思是这些住房能生产尽可能多的能源，而消耗尽可能少的能源。方案要点如下：将住房太阳能发电并入公共电网，按照德国的《可再生能源法》，住房用不完的电被公共电网接受，从而给主人创造收入。

据统计，每户居民可得年收入1100~1800 欧元不等。

因为太阳能，弗莱堡"太阳船"社区不仅被评为"德国最美丽的住宅小区"，还成了当地新的旅游景点。

俯瞰"太阳船"社区

从侧面看"太阳船"社区

社区内部的环境　　　　　　　　　　建筑的大屋檐十分有特色

内部空间光照充足，有很多自然光，虽然没有开灯，但室内光线很充足

社区既有安静的私人领域，也有布局合理的公共空间

弗莱堡"太阳船"社区为小区居民提供了充足的电力。

但是德国的天气并不给力，阴天太多了。如果**碰到接二连三**的阴天，供不上太阳能怎么办呢？

在我国，太阳能资源丰富的地区到处都是，广阔的西北地区干旱少雨，日照充足，正适合发展太阳能。

微信扫码
◄◄◄ 想看更多让孩子着迷的科普小知识吗？
★ 活泼生动的科技能源百科
★ 有趣易懂的科普小知识

其实，古代的人们就开始使用太阳能了，但当时对太阳能的应用非常简单，真正把太阳能转换为电能、热能，让家里的电灯、电器工作起来的技术，还真是近几十年的发明。

能源可以分为不可再生能源和可再生能源。

人类有了大机器，进入工业社会之后，就大量地使用煤、石油、天然气等化石能源，**这些能源都是不可再生能源，总会有枯竭的一天，而且会造成环境污染。**

石油开采场景

可再生能源是取之不尽、用之不竭的能源，它们在自然界中可以循环再生，对环境无害或者危害极小，并且资源分布广泛，适宜我们去开发。**太阳能就是最清洁高效的可再生能源。**

人类要生存，就需要食物，食物来自哪里呢？

肉类来自动物，粮食、蔬菜、水果来自植物。动物生长需要的能量来自它食用的其他动物或植物。植物生长需要的能量来自太阳，比如绿色植物依靠叶绿素通过光合作用获得来自太阳的能量。

食物网

人类使用的化石燃料，比如煤、石油、天然气等，也是由远古地球上的动物、植物演变成的。可以说**如果没有太阳，化石燃料也不会存在。**

新能源中的风能、潮汐能、地热能等，归根结底也来自太阳。

人类对太阳能的应用，可以一直追溯到六千多年前的新石器时代。那时，生活在中原大地上的人们意识到太阳能够带来温暖，于是就把房子朝向南方建造，以便在冬季的时候捕捉到更多的阳光，让房间内变得温暖。

坐北朝南的习惯因此一代代流传下来，得到了民众的认同，这种看似简单的方法非常有效，是现代房屋加热技术的原型。

盖朝南的房子为的是接收更多的太阳能，这只是对太阳能的一种简单应用。**对太阳能的第一个复杂应用，是利用太阳的热能生火，《考工记》记载了这方面的内容。**

《考工记》是春秋战国时期的奇书，是我国目前为止所见年代最早的手工业技术文献。书中记载了上古时代大量的手工业生产技术和工艺美术资料。它是一本手工业的制造宝典，书中记载那时的工匠已经会制造阳燧。

《考工记》中记载的阳燧，是"以铜为之，向日则生火"。这是什么意思呢？就是将用青铜做的阳燧朝向太阳能够产生火。是不是很神奇？

其实，**阳燧就是一个凹面镜**，用凹面向太阳聚光，因光线反射聚成的焦点吸收大量热能后产生高温，进而将艾草等易燃物点燃，这就达到了生火的目的。

阳燧是用金属制成的，所以也被称为"金燧"。《考工记》中还记载了制造阳燧的原料是铜锡合金，而且铜、锡比例约为 2：1。

20 世纪 50 年代，我国考古专家在河南省三门峡市区北部的虢国太子墓葬中挖掘出土了一件青铜阳燧，其工艺精美绝伦。2006 年 10 月，虢国阳燧的特大复制品在河南省三门峡虢国博物馆成功撷取天火，验证了《考工记》中关于阳燧的记载。

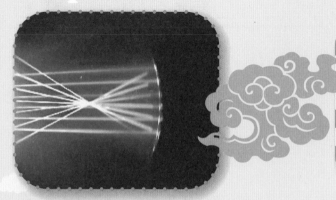
阳燧的取火原理图

扬州双博馆收藏的西汉阳燧

虢国阳燧的特大复制品直径 1.4 米、重 1.2 吨

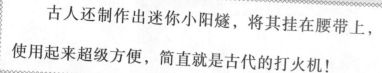

古人还制作出迷你小阳燧，将其挂在腰带上，使用起来超级方便，简直就是古代的打火机！

不用的时候就将阳燧反过来背对着太阳。阳燧的背面刻有花草鸟兽，不仅好看，而且可以提醒人们注意正反面。

阳燧虽好，但毕竟是金属制品，和火柴一比，就显得笨拙了。所以阳燧渐渐地被淘汰了，现在只能在博物馆中看到它。

阳燧只是简单地将太阳能转变为热能，这已经不能满足我们的需求。我们需要把太阳能转换为强劲的动力，能开汽车、火车、飞机！

近代利用太阳能的历史，一般是从 1615 年算起。那年，法国工程师所罗门·德·考克斯发明了第一台太阳能驱动的发动机。这种机器的原理大概是加热空气，使其膨胀并做功，主要用来抽水。它的效率很低，早已经不使用了。

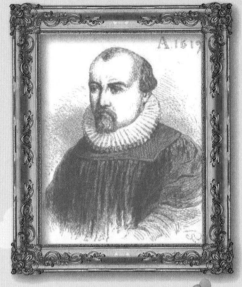

所罗门·德·考克斯

所罗门·德·考克斯和他的太阳能发动机

看到太阳能可以驱动发动机抽水，很多人受到启发，纷纷搞起了太阳能发明。到了1900年，世界上又研制成功多台太阳能动力装置和一些其他太阳能装置。这些动力装置几乎全部采用聚光方式采集阳光，发动机功率不大，工作介质主要是水蒸气，价格昂贵，所以实用价值不高。

1839年，法国科学家贝克勒尔发现光照能使半导体材料不同部位间产生电位差，这种现象后被称为"光生伏打效应"，是太阳能光伏技术的物理基础。

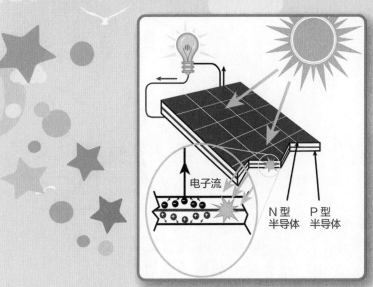

电子流

N型
半导体

P型
半导体

光生伏打效应示意图

蠢鱼字典

光伏发电

光伏电池利用光伏效应，直接将太阳辐射能转化成直流电，是光伏发电的最基础结构。光伏电池有着特别的导电特点，这是因为制造过程中，在晶体硅中掺入磷或硼等元素，在材料的分子里电荷就造成了永久的不平衡。阳光照射下，光伏电池中可以产生自由电荷，这些自由电荷定向移动并积累，从而在其两端形成电动势，当用导体将其两端闭合时便产生电流。这种现象被称为"光生伏打效应"，简称"光伏效应"。

进入 20 世纪后，随着科学技术水平的全面提升，研究太阳能的工作有了新的进展，而且速度加快。

20 世纪初，研究太阳能的重点仍然是太阳能动力装置，但聚光方式变得多样化，并开始采用平板集热器和低沸点工作介质，而且装置逐渐扩大，它的最大输出功率达到 73.64 千瓦，实用目的比较明确，但造价仍然很高。

1901 年，在美国加利福尼亚州建成一台太阳能抽水装置，采用截头圆锥聚光器，功率为 7.36 千瓦。

1902～1908 年，美国建造了五套双循环太阳能发动机，采用平板集热器和沸点比较低的工作材料。

1913 年，在埃及建成一台由 5 个抛物槽镜组成的太阳能水泵，每个长 62.5 米、宽 4 米，总采光面积达到了 1250 平方米。

第二次世界大战结束后，人类对能源的需求大大增加，一些有远见的人士注意到了石油和天然气资源正在迅速减少，呼吁人们重视这一问题，激发了科学家和技术人员研究太阳能的热情。

与太阳能研究相关的学术组织迅速建立起来，并进行学术交流活动和举办展览会，促使普通民众对太阳能产生兴趣。

1954年5月，美国贝尔实验室的科学家恰宾、富勒和皮尔松三人开发出效率为6%的单晶硅太阳能电池，这是世界上第一个有实用价值的太阳能电池。

同年，威克尔首次发现了砷化镓有光伏效应，并在玻璃上沉积硫化镉薄膜，制成了太阳能电池。**太阳光能转化为电能的实用光伏发电技术由此诞生。这为光伏发电大规模应用奠定了基础。**

从此之后，将太阳能转化为电能，并大规模使用，就不再只是梦想了。

1954年，美国贝尔实验室生产出第一批太阳能电池

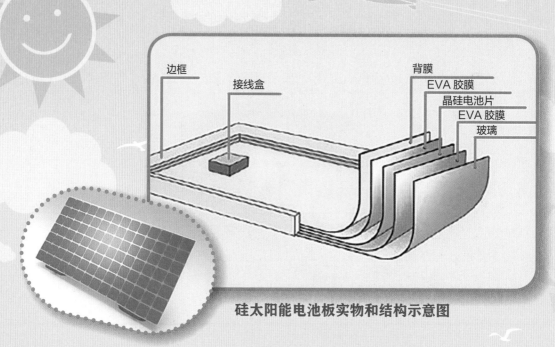

边框   接线盒   背膜   EVA 胶膜   晶硅电池片   EVA 胶膜   玻璃

硅太阳能电池板实物和结构示意图

　　1955 年，以色列科学家在第一次国际太阳热科学会议上提出"选择性涂层"的基础理论，并研制成实用的黑镍等选择性涂层，为太阳能高效集热器的发展创造了条件。

太阳能除了加热和发电，还能做什么？

太阳能斯特林发动机问世。

　　斯特林发动机又被称为热气机，是英国物理学家罗巴特·斯特林于 1816 年发明的。工作原理是将气缸内的工作介质（如氢气、氦气）进行冷却、压缩、吸热、膨胀这样周期性循环的同时输出动力。

太阳能斯特林发动机就是采用太阳能来加热工作介质，把太阳能转化为动能。这为工业上大规模使用太阳能奠定了基础。

最大的太阳炉

目前世界上最大的太阳炉，位于欧洲西南部的比利牛斯山附近，因为这里海拔高，日照充足。它的功率大，可以瞬间产生1000千瓦的能量，炉子的中心温度瞬间可达到3500 ℃，能用来融化矿石、发电等。这个"巨无霸"太阳炉只需要使用阳光，不需要任何其他燃料，完全没有污染。

比利牛斯山的太阳炉

进入 20 世纪后，石油在世界能源结构中担当了主角，人们的日常生活、交通、取暖离不开石油，工业、农业离不开石油，石油化工产品渐渐进入千家万户，石油成了经济发展的关键，甚至可以决定一个国家的生死存亡、发展和衰退。1973 年，中东战争引发"石油危机"。

这次"危机"在客观上使人们认识到：现有的能源结构必须彻底改变，应该加速向未来能源结构过渡，不能死守着石油这一种能源。

许多国家，尤其是工业发达国家，重新加强了对太阳能及其他可再生能源技术发展的支持，世界上再次兴起了开发利用太阳能的热潮。

1973 年，美国制定了政府级"阳光发电计划"，太阳能研究经费大幅度增长，并且成立太阳能开发银行，促进太阳能产品的商业化。

日本在 1974 年公布了政府制定的"阳光计划"，投入了大量人力、物力和财力。

32

20 世纪 70 年代初，世界上出现的开发利用太阳能的热潮，对我国产生了巨大影响。

一些有远见的科技人员，纷纷投身太阳能事业，他们积极地向政府有关部门提建议，在农村推广应用太阳灶，在城市研制开发太阳能热水器，空间用太阳电池开始在地面应用……

1975 年，在河南安阳召开"全国第一次太阳能利用工作经验交流大会"，太阳能研究和推广工作纳入我国政府计划，获得了专项经费和物资支持。

一些大学和科研院所，纷纷设立太阳能课题组和研究室。我国兴起了开发利用太阳能的热潮，太阳能开发利用工作处于前所未有的大发展时期。

各国加强了太阳能研究工作的计划性管理，国际间的合作十分活跃，研究领域不断扩大，研究工作日益深入，取得一批较大成果，如真空集热管、非晶硅太阳电池、光解水制氢、太阳能热发电等。

可持续发展

1992年，联合国在巴西召开"世界环境与发展大会"，讨论如何应对由于大量燃烧石油、煤炭这样的矿物能源而造成的全球性环境污染和生态破坏对人类的生存和发展所构成的威胁等议题。会议通过了《里约热内卢环境与发展宣言》《21世纪议程》和《联合国气候变化框架公约》等一系列重要文件，把环境与发展纳入统一的框架，确立了可持续发展的模式。这次会议之后，世界各国加强了清洁能源技术的开发，太阳能得到了重视。利用太阳能与环境保护结合在一起，在保证人类生存所需的同时，又避免了对环境毫无节制的索取，为子孙后代留下绿水青山。

我国政府响应世界环境与发展大会的号召，对环境与发展十分重视，提出10条对策和措施，明确要"因地制宜地开发和推广太阳能、风能、地热能、潮汐能、生物质能等清洁能源"，制定了《中国21世纪议程》，进一步明确了太阳能重点发展项目。

尽管在20世纪太阳能技术有所突破，但在世界各地太阳能并没有得到大规模的推广和发展。

毕竟要想发展一个产业没有那么简单，需要配套产品、应用场景，还有人思想的转变……方方面面牵扯的因素很多。即使在太阳能应用和研究起步比较早的欧洲，像"太阳船"社区那样的成果同样很少。

不过，随着人们对清洁能源的重视，太阳能的使用越来越广泛。

尤其是在公共建筑房顶安装太阳能电池，既有实际效果，又有示范效应，产生了不错的经济效益和社会效益。

蠹鱼字典

可以发电的太阳能体育场

高雄是台湾第二大城市，也是一座热带城市，日照时间全年可达到2139小时，即便在日照时长最短的2月，也有138.1小时。

给这座城市设计体育场时，建筑师就充分结合日照因素进行设计，最终建造出一座别致的太阳能体育场。

体育场的表面由8844块太阳能电池板覆盖，这些电池板的面积达到14155平方米，这使它成为世界上最大的太阳能体育场，也是全球第一座具有一百万瓦太阳能发电容量的运动场。体育场每小时能产生1.14千兆瓦的电力。体育场闲置时，可向周围输送85%的电力，足够满足周围80%居民的用电量。

高雄体育场外观，以及它的太阳能电池屋顶

蠹鱼字典

老楼变环保建筑

曼彻斯特地处英国中心位置，属英格兰西北区域大曼彻斯特郡，是国际重要的交通枢纽与商业、金融、工业、文化中心，也是世界上第一个现代化工业城市。曼彻斯特天气凉爽、日照时间长。

曼彻斯特合作保险大厦是一座 120 米高的摩天大楼，已经老旧。如何改造这座大楼？建筑师给大楼的能源系统来了个大变换，使这座商业办公楼成为利用太阳能的绿色建筑。

曼彻斯特合作保险大厦一共使用了 7244 块太阳能光伏组件，取代了传统的砖、玻璃等建筑外墙装饰材料。120 米高的光伏幕墙成为当时欧洲最大的应用于建筑外立面的光伏幕墙，也是欧洲最大的垂直太阳板阵列。大楼每年可以产生180兆瓦时的可再生电力。

使用太阳能后，曼彻斯特合作保险大厦的能量不仅能自给自足，而且有剩余，节约了电费开支的同时，还能卖电赚钱。太阳能是完全免费的，所以这真是一笔合算的买卖，不仅节约能源，而且有额外的收益。

我国近些年城市化发展迅猛，高楼大厦越来越多。如果能像曼彻斯特合作保险大厦这样，用太阳能电池做墙壁和屋顶，那么一年节省下来的能源将是惊人的。

曼彻斯特合作保险大厦的外立面都是太阳能电池，反射着阳光

曼彻斯特合作保险大厦太阳能电池幕墙的细节

前面介绍的"太阳船"社区、高雄太阳能体育场、曼彻斯特合作保险大厦三个建筑，分别是住宅、公共设施、商业机构领域内已建成的太阳能建筑，它们都属于BIPV。

BIPV 是应用太阳能发电的一种新概念。

BIPV 就是把太阳能光伏发电产品安装在建筑的围护结构外表面，为整个建筑提供电力，这样的光伏产品包括光电瓦屋顶、光电幕墙和光电采光顶等。

光伏方阵与建筑的结合不占用额外的地面空间，是光伏发电系统在城市中广泛应用的最佳安装方式，因而很受欢迎。

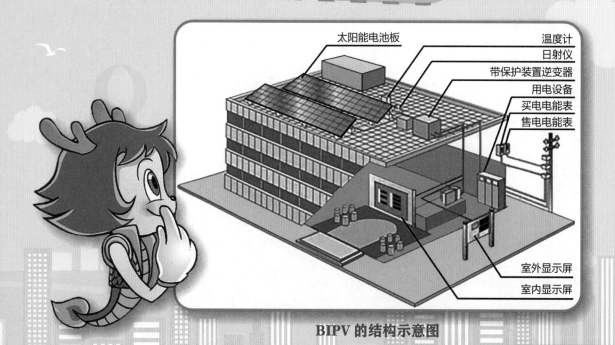

太阳能电池板
温度计
日射仪
带保护装置逆变器
用电设备
买电电能表
售电电能表
室外显示屏
室内显示屏

BIPV 的结构示意图

在大多数建筑物的表面，像平屋顶、斜屋顶、幕墙、天棚都可以安装BIPV。当然在平屋顶安装的话，操作起来比较快捷。

如果条件允许，也可以按照最佳角度安装BIPV，采用标准光伏组件，就能获得最大的发电量，而且不影响建筑物的正常使用，能将发电成本降到最低。

设计人员会将BIPV与原建筑结合在一起，让BIPV成为建筑结构的一部分，比如将BIPV做成屋顶的瓦片，或者窗户、遮雨棚等，有的干脆把太阳能电池板当作一面墙。BIPV与建筑的照明、遮阳、热水等体系结合起来，使物质资源得到充分利用，发挥多种功能，提高了建筑物的科技含量。

BIPV的优点很多，它不仅能够满足建筑美学、采光、安全性能、安装方便的要求，而且使用寿命长、绿色环保、不占用土地资源。其中比较突出的优点是有效地减少了建筑能耗，起到了建筑节能作用。

凡事有利有弊，有好的一面就会有不好的一面，没有十全十美。**BIPV 的问题有很多**：造价比较高，初期购买光伏材料，以及安装需要的资金比较多；易受天气影响，遇到多云或者阴雨天气就不能工作；等等。这些问题制约了 BIPV 进入老百姓家，所以成片使用 BIPV 技术的民宅社区没有大规模出现。

不过，随着人们对建筑环境的追求越来越高，导致建筑采暖和空调的能耗日益增长，对经济发展形成了一定的制约作用。**BIPV 满足城市节能减排、绿色环保的需求，受到越来越多人的追捧。**

目前，德国、法国及日本等发达国家的 BIPV 技术已进入相对成熟期，我国尚处于起步阶段，市场化程度不高。

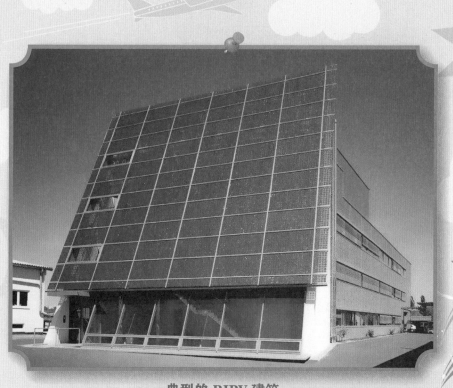

典型的 BIPV 建筑

平屋顶和斜屋顶安装光伏电池的受光面比较

前面介绍的罗尔夫·迪施设计的"太阳船"社区，是非常著名的 BIPV。

随着太阳能技术成本的不断下降，越来越多的建筑物能安装得起光伏电池，就像"太阳船"社区那样。

其实罗尔夫·迪施在建造"太阳船"社区之前，就在附近建造了一栋名为 Heliotrope 的圆柱形太阳房。**正是因为这栋太阳房的成功，他才得到了修建"太阳船"社区的机会。**

Heliotrope 在希腊语中的字面意思是"朝向太阳"。正如它的名字一样，整座房子像向日葵一样朝向太阳，甚至可以 180° 旋转，便于屋顶上的太阳能电池收集太阳能。不过房子转动的速度很慢，在里面的人几乎不会感觉到自己动。无论太阳在什么位置，位于屋顶的太阳能光电板都能以最大日照的角度对准太阳，四周的太阳能集热器也能够面对着直射光线，以便获取最大的太阳能。

这座房子可以转动的秘密，在一根高约 14 米的圆柱形支柱上。支柱就藏在房子正中，里面有控制线路，以及螺旋形的楼梯；支柱下安装了一个可以旋转的齿轮。电动机运转起来后，带动齿轮旋转，使支柱转动，这样整座房子也就转动起来了。

房子因此分为两部分，下面为车库和储藏室，上面三层为工作室、起居室和卧室。

由于这座"向日葵"房子不是待在原地等太阳光照到自己才接受太阳能，而是主动"追"着太阳接受太阳能，因而得到的太阳能被称为"积极能源"。

Heliotrope 也是世界上第一座采用"积极能源"的建筑，它可以产生比日常用电量多 4~5 倍的太阳能电量。

Heliotrope 的外观朴实无华，太阳能电池板被铺在屋顶，人们不注意看都看不到。

1995 年，民用太阳能电池板还处于实验室阶段，罗尔夫·迪施却认为它大有可为，并且投入大量资金修建了 Heliotrope。

Heliotrope 采用了环保隔温材料，所以它的厨房内没有冰箱，这样不但省电，而且也能确保食物新鲜。

将吃不完的饭菜制成有机肥；浴室中使用过的水不会被直接排掉，而是做成灌溉用的中水；采用真空式马桶，排出物经过高压进入地下层，将其处理后成为堆肥。

整个房子的设计理念兼顾居家舒适、外观优美、再生能源运用，非常环保，因此，在1995年（修建好的当年）就获得了德国年度大奖作品的荣誉。

20多年来，这座房子一直是主动式太阳能建筑的典范。

Heliotrope 的外观，以及从空中俯瞰的样子

Heliotrope 是主动式太阳能建筑，得到的是"积极能源"。

既然有主动，肯定就有被动。这里的被动和主动，是指人们接受太阳能的方式。"被动"可不是待在原地举着太阳能电池板。主动和被动的区别在于有没有其他辅助能源。

主动式太阳能建筑运用了一些技术手段，有其他动力。

被动式太阳能建筑没有使用其他机械动力，只依靠太阳能。

高雄太阳能体育场、英国曼彻斯特合作保险大厦和德国弗莱堡 Heliotrope 一样，属于主动式太阳能建筑。这些建筑运用光热、光电等可控技术，收集、储存和使用太阳能，建筑的主要能源都来自太阳能。

主动式太阳能建筑需要热管集热器、相变蓄热材料、辅助热源、自动控制系统以及太阳能热泵采暖系统。

通过精心的设计，主动式太阳能建筑可以使建筑内部保持稳定、舒适的温度，尤其适合我国太阳能资源非常丰富的西北部地区。

不过，主动式太阳能建筑虽然好，但一次性投入比较大，构件也比较多。还有一个后期维护的问题，运行费用比较高。

主动式太阳能建筑的剖面图

"太阳船"社区则属于被动式太阳能建筑，白天直接依靠太阳能供暖，多余的热量被热容量大的建筑物构件（如墙壁、屋顶、地板）、蓄热槽的卵石、水等吸收，夜间通过自然对流放热，使室内保持一定的温度，达到采暖的目的。

被动式太阳能建筑集蓄热构件与建筑构件为一体，一次性投资少，运行费用低。不过这种集热方式因昼夜温差而波动较大，不像主动式那样稳定。

国外的太阳能建筑

主动式和被动式两种方法，它们各有优点也各有缺点，所以使用的时候要因地制宜，不要人云亦云。

想看更多让孩子着迷的科普小知识吗？
★ 活泼生动的科技能源百科
★ 有趣易懂的科普小知识

微信扫码

因为适合自己的才是好的。

有人模仿汉瓦的样子发明了一种能发电的玻璃瓦，将柔性薄膜太阳能芯片与屋面瓦融为一体，兼具美观与高效发电性能，既安全，又符合现代建筑的审美需求。**这种一举多得的新材料，被命名为"汉瓦"。**

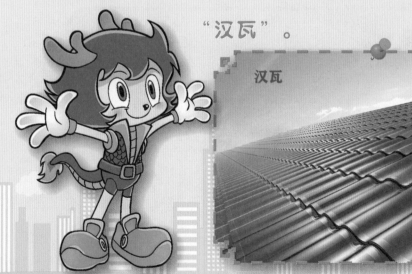

汉瓦

形成于西汉时期的"秦砖汉瓦"，是我国传统建筑文化风格的体现。

现代"汉瓦"不仅可以发电，而且它的节能减排效果十分明显。每安装一片"汉瓦"，大约相当于在地球上多种植了一棵树。"汉瓦"虽然轻薄，但很坚韧，能承受一辆家用轿车的碾压。"汉瓦"的使用周期长达30年，而且不需要频繁更换零部件，这就极大地提升了它的使用价值。

铺设了"汉瓦"作屋顶的农家房屋

F形卡槽双扣结构

通风

U形挡水条

防雨水倒灌

U形挡水条

隔热保温结构

气流方向

"汉瓦"的结构示意图

Apple Park

Apple Park 是美国苹果公司新总部大楼，位于美国加州旧金山库比蒂诺，由史蒂夫·乔布斯生前设计。大楼呈巨大的环状，大到可以在卫星地图上一眼认出来。用乔布斯生前的话来形容，新大楼像一艘着陆的宇宙飞船。有的美国人比喻它是"巨型玻璃甜甜圈"，还有人将它称为"乔布斯给地球安装的巨型 Home 键"。

这栋大楼的占地面积约为 26 万平方米，耗时 8 年完工，大概可以容纳 1.42 万名员工，总花费达 50 亿美元。

Apple Park 这样巨大的建筑，仅仅是中央空调的耗电量就是惊人的数字，再加上照明和其他用途的耗电量，将是可怕的"吃电怪兽"。

大楼主要采用太阳能提供电力。大楼没有一块平面玻璃，立面围墙由 800 块 14 米高的超大曲面玻璃组成。楼顶和窗户都安装有太阳能电池板，园区内安装了一个微型电网，所以仅仅依靠太阳能就能提供 17 兆瓦电力，能满足 75% 的电力需求，剩余需求则依靠其他可再生能源。

航拍 Apple Park

Apple Park 上安装的太阳能电池板

确实，科学家们研究太阳能有一百多年的历史了，可这种清洁能源还没有大规模普及，这是为什么呢？

成本是最重要的障碍！

光伏电池可不便宜！要想在整个街区甚至整个城市大规模使用太阳能，就得先把成本降下来。 在居民家的房顶架太阳能电池板的做法不大合适，需要火力发电厂或者水电站那样的大型发电厂。

丰富的太阳能是人类能够利用的最廉价的清洁能源。太阳能每秒到达地面的能量高达 80 万千瓦。

这个量究竟有多大呢？举个例子，假如把地球表面积的 0.1% 接收到的太阳能转化为电能，转化率为 5%，每年的发电量可达 5.6×10^{12} 千瓦时！

蠹鱼字典

转 化 率

太阳能电池板吸收太阳光后，需要将太阳辐射能转化成电能，这存在一个问题，就是转化率的多少。转化率就是太阳能电池的输出功率占入射光功率的百分数。这个数值越大，说明对太阳能的利用越充分。

影响太阳能电池转化率的因素有很多：太阳能光强，材料对光的吸收系数，安装太阳能电池所在当地的气候条件，制作电池的材料和制作工艺水平等，这些都会对太阳能电池的转化率产生影响。

目前产业化的太阳能电池分单晶硅、多晶硅和非晶硅三大类，产业化产品的太阳能转化率分别是20%、17%和10%左右。

转化率决定了太阳能电池的产出。

组成太阳能电池板的硅单元的理论效率极限为29%。到目前为止，这一数字已被证明难以实现。研究者们认为太阳能电池的效率达到20%就已经相当出色了。最近有科学家开发出转化率为26.3%的太阳能电池，但能否在工厂中大量生产还不确定。

一块太阳能电池

太阳能转化为电能的主要方式有光伏发电和光热发电。

55

前面我们介绍了光伏效应的原理。光伏发电的优点是较少受地域限制，因为有阳光的地方就能安装太阳能电池。**没有噪声、污染很小、不需要消耗燃料也是光伏系统的重要优点，而且光伏发电建设周期短，安装好太阳能电池，架好输电线路，就可以发电。**

太阳能灯塔

太阳能路灯

太阳能信号灯

我国"天通一号01星"运行示意图，卫星两侧展开了太阳能电池板

光伏发电技术的应用场景很多，天上的飞机、人造卫星、宇宙飞船、空间站，地面的微波中继站、航标灯、灯塔、气象台。从规模庞大的兆瓦级电站到台灯、手表，甚至计算器，光伏电源都能胜任。

太阳能光伏发电的最基本元件是太阳能电池，有单晶硅、多晶硅、非晶硅和铜铟镓硒薄膜电池等。

太阳能电池不仅在发电时无污染，就连生产太阳能电池板的过程中排放的温室气体和重金属的量，也远远小于煤发电过程中的排放量。

我国研究太阳能的起步不算晚，1958 年开始研究太阳能电池；1971 年首次成功地应用在了"东方红二号"卫星上；1973 年开始，太阳能电池投入地面应用中。

2005 年，一套太阳能光伏发电系统被安装在深圳国际园林花卉博览园。这套系统的发电总装机容量达到 1 兆瓦，是当时中国乃至亚洲总装机容量第一的并网光伏发电系统，同时也是世界上为数不多的兆瓦级大型太阳能光伏发电系统之一，成为我国可再生能源利用的示范项目。

这套太阳能光伏系统分布于园内的主要建筑屋顶，总覆盖面积达到5325平方米。超过4000个现代化单晶硅及多晶硅光伏组件，将太阳的光能转化成电能，与深圳市电网并网运行。这就意味着，这套光伏发电系统每年可以向电网输电约100万千瓦时。

深圳国际园林花卉博览园太阳能光伏发电系统

北京奥运会主体育场"鸟巢"，大家都十分熟悉。但很少有人知道，"鸟巢"也使用了光伏发电系统。2008年4月，"鸟巢"的太阳能光伏系统实现并网发电，装机容量为100千瓦。该太阳能光伏系统使用单晶硅组件，可以就地安装，维护费用低。与公共电网并接后，实现了与公共电网的互联、互通和互补。这套系统发的电除了满足"鸟巢"检票系统的自身用电外，多余电力还能输入国家体育场的电力供应系统。按平均每天5小时光照时间计算，这套光伏发电系统每天可为"鸟巢"提供520千瓦时绿色电力，该系统能够稳定运行25年，累计可生产约475万千瓦时绿色电力，可减排2500多吨废气，替代1500吨标准煤。

"鸟巢"的光伏系统比较隐秘

虽然深圳国际园林花卉博览园和"鸟巢"的光伏系统比家庭的太阳能电池规模大，但是没有达到发电厂的级别。**光伏发电厂究竟是什么样子呢?**

照片中这些已经泛黄的电池板，属于我国最早的光伏电站。

我国最早的光伏电站使用过的太阳能电池板

这座老电站在甘肃榆中地区，距离兰州市区40千米，建于1983年，有将近40年的历史，初始装机容量仅仅为10千瓦。

当时，国内光伏行业还非常不成熟，规模非常小，这批太阳能单晶电池板都是进口的。

在那个年代，由于基础设施不够完善，榆中地区的很多偏远乡村没有通电，这批太阳能电池板被分装在了各家各户，给当地人民送去了光明。

随着我国经济的逐渐发展，20世纪80年代末，偏远地区也通了电，这批太阳能单晶电池板的使命也就宣告结束。

当时村里通电后，很多电池板被村民拆了下来。村民们不知道如何处理这些电池板，有的人直接把它们当成垃圾扔掉，有的人动手拆开了玻璃板，电池板损坏严重。甘肃自然能源研究所的专家学者们不忍心如此浪费，与当地政府、村民协商，回收了这批电池板，可惜有些电池板损毁严重，只能遗弃。这批太阳能电池板很耐用，即便已经泛黄，经过多年的暴晒、风吹雨打之后，现在的输出功率仍有 7 千瓦。

由此可见，光伏组件的使用寿命很长，工作 25 年以上没有问题。这大大节省了光伏发电的成本。

石嘴山 50 兆瓦太阳能光伏电站

60

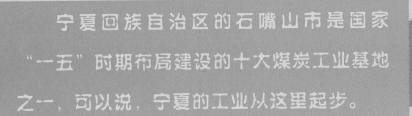

宁夏回族自治区的石嘴山市是国家"一五"时期布局建设的十大煤炭工业基地之一，可以说，宁夏的工业从这里起步。

这里干旱少雨，光照充足，有"日照天下，光聚石嘴山"的说法，是理想的天然太阳能光伏发电场。

在这里，由中国节能投资公司和尚德能源工程公司合作修建了我国第一个10兆瓦级太阳能光伏发电项目，这就是中节能尚德石嘴山光伏发电项目。

这个占地面积为2平方千米的光伏电站，共安装多晶硅电池板37000多块，支架基础15260座，一期已经在2009年9月30日正式并网投产。

青海省龙羊峡太阳能发电场的卫星照片

61

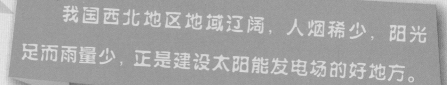

我国西北地区地域辽阔，人烟稀少，阳光足而雨量少，正是建设太阳能发电场的好地方。

青海省黄河上游的龙羊峡太阳能发电场，在 27 平方千米的大地上覆盖了将近 400 万块太阳能电池板，850 兆瓦的惊人容量造就了这座目前世界上最大的太阳能发电场。

这个庞大太阳能电池矩阵的正式名字是龙羊峡水光互补光伏电站。

光伏电站所发的电力通过 330 千伏的高压电缆输送到另一侧的龙羊峡水电站，由水电站统一向外输送，传送到需要电力的东南各地。

水光互补的意思是龙羊峡水电站所发的电力可调整光伏电站间歇性的发电，使整体电流更加稳定；有了光伏电站的支援，龙羊峡电站的整体电力输出也可提高。

互补后，光伏电站不怕没有太阳或者多云的阴天，水电站也不怕枯水或者水流小，电站的综合电力输出有了稳定的保障。

青海省龙羊峡太阳能发电场

　　不过，龙羊峡太阳能发电场世界第一的位置能保持多久还不好说。正在宁夏盐池修建的光伏电站是 2000 兆瓦的，首期 800 兆瓦已经建成。

从空中看，大地已经变成了一片深蓝色。

宁夏盐池世界最大单体光伏 2000 兆瓦发电项目

这些年，我国的光伏发电在国家支持下有了长足发展，从南到北，从丘陵山区到湖泊江河，都有光伏发电场的身影，它成为绿色清洁能源的重要组成部分。

云南昆明石林太阳能光伏并网实验示范电站

林洋新能源山东德州陵城农光互补光伏电站项目

宁夏盐池地面智能光伏电站

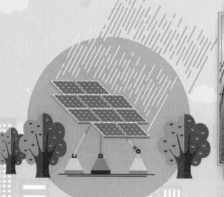

三峡新能源公司安徽淮南 150 兆瓦水面漂浮光伏项目

光 伏 羊

在龙羊峡 850 兆瓦光伏电站，3000 只羊散布其中，这可不是附近老乡家的羊走错了路，这些羊就是电站自己饲养的。原来，光伏电站的太阳能电池板架设好了后，降低了风速和水分蒸发量，对电站厂址的生态恢复起到了促进作用。光伏电站建设前，这里全部是荒漠化土地。通过六七年的建设，植被有了一定恢复，野生动物也有所增加。电站在电池组件行间开展了植被恢复试验，种植优良牧草。但是牧草如果过于茂盛，将会影响光伏发电板的性能，人工割草的话劳动力成本高，于是公司想到了养羊。

这些羊进入电站后，牧草没有再长，羊也生长健康，还为站上的工作人员提供了美味的羊肉。因此工作人员们都亲切地称这些羊为"光伏羊"。

龙羊峡 850 兆瓦光伏电站中，遍布"光伏羊"

不仅可以通过光能转化的方式利用太阳能发电，还可以利用太阳能的热能发电。

利用热能发电，通过反射、吸收等方式把太阳辐射能集中起来，转化成足够高的温度后，可以满足不同人群的需求。

利用太阳光的热量，人们可以晒衣物、晒盐，还可以晒热水洗澡，当然也可以发电。其实**利用太阳能发电的过程中，最早发展的就是光热发电。**

目前，太阳能光热发电采用的方式是先用抛物形或碟形镜面收集太阳热能，再通过换热装置将水烧开，用产生的蒸汽推动汽轮发电机，最终达到发电目的。

当然，一个镜面产生的推力有限，需要以千或万计的镜面组成阵列，这样发电场才能产生效益。

采用太阳能光热发电技术，最大的优点就是不必使用太阳能电池，大大降低了太阳能发电的成本，而且技术上相对简单，普通人也能很快上手操作，很方便廉价地就用上太阳能。太阳能光热发电技术还有一个优势，就是用太阳能烧热的水可以储存在容器中，太阳落山后几个小时仍然能够带动汽轮机发电。

下图为家庭太阳能光热利用示意图，用太阳能加热的水取暖、沐浴，十分快捷方便。

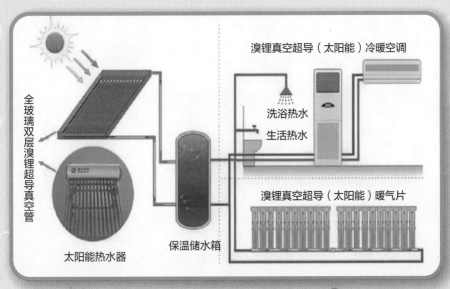

溴锂真空超导（太阳能）冷暖空调

洗浴热水

生活热水

全玻璃双层溴锂超导真空管

溴锂真空超导（太阳能）暖气片

太阳能热水器

保温储水箱

1950年，苏联设计了世界上第一座太阳能塔式电站，建造了一个小型试验装置，检验太阳能光热发电技术。

这时的光伏发电还处于早期研发阶段，价格昂贵，效率较低。而光热发电效率较高，技术也相对比较成熟，因此当时许多工业发达国家都将太阳能热发电作为重点，兴建了一批太阳能热发电站。

我国则在"六五"期间建立了一套功率为1千瓦的太阳能塔式热发电模拟装置和一套功率为1千瓦的平板式太阳能低热发电模拟装置。

2013年，我国在青海德令哈建设了亚洲首座兆瓦级太阳能塔式热发电项目。

德令哈位于青海柴达木盆地，这里阴雨天气少，年均日照时数在3000小时以上，太阳辐射强度和日照时间在国内仅次于西藏，而且大气透明度好，属于太阳能资源充足地区，是建设太阳能发电站的理想场所。青海因此设想将柴达木盆地打造为"世界光热之都"。

德令哈的这个太阳能热发电项目，由中控太阳能公司开发并投资建设，采用中控研发的塔式太阳能热发电技术。

这一技术的核心是镜场"精确追日—大规模聚光集热系统"，通过控制安装在地面的数以万计的玻璃镜子，准确地将太阳光聚焦到吸热塔上的吸热器中，吸热器内的介质被太阳能加热后，通过跟水进行换热产生高温高压的蒸汽，最后推动汽轮机发电。

建成后的太阳能光热发电场十分雄伟壮观。一座高塔耸立在戈壁滩上，高塔周围是一层层镜面列阵，将阳光反射到高塔顶端。

高塔就是吸热塔，它顶部安装的吸热器被阳光照耀，吸热器内的水便转化成高温蒸汽，再通过管道传输推动汽轮发电机发电。

青海德令哈10兆瓦太阳能塔式热发电场示范项目

这是不是很像科幻电影中的场景？

其实就是规模大点的太阳能热水器，它们的原理差不多，都是对光热的利用，只是目的不同。

太阳能热水器仅仅是烧热水，光热发电则是用烧热的水产生的水蒸气推动汽轮发电。

光热发电作为清洁能源，热能转化为电能的转化率比光伏发电高，而且有稳定、时间长等优点，对电网的冲击小，使用的原材料主要是钢材和平面玻璃，不会形成二次污染。

光热发电区别于其他绿色能源最大的优点就是能做到储能连续发电。在没有日照或日照不好的情况下，能正常发电且输出非常平稳。

2019 年，在中控德令哈 10 兆瓦光热电站旁，中控德令哈的 50 兆瓦光热电站投入运行。距离"世界光热之都"的梦想，青海又走近了一大步。

中控德令哈 50 兆瓦光热电站全貌

光热电站近景，前方是 50 兆瓦电站，后方两座小塔是 10 兆瓦电站

光热电站的规模宏大，动不动就安装上万块镜子反射太阳光能，因此大都建在地广人稀之处。对我们来说，日常能见到的光热装置，就是太阳能热水器。

太阳能热水器的原理非常简单：太阳光透过透明玻璃板照射到太阳集热板上，集热板吸收太阳光，先把光能转化成热能，再把热能传导给储水箱中的水，并加热水，达到热水的目的。

微信扫码

◀◀◀ 想看更多让孩子着迷的科普小知识吗？
★ 活泼生动的科技能源百科
★ 有趣易懂的科普小知识

虽然原理简单，但制作不能偷工减料，太阳集热器、储水箱、支架、水循环管路及阀门、保温系统、辅助加热、控制器等环节都要精益求精。可以通过多吸收阳光、减少反射、减少热量损失来提高太阳能利用率。

太阳能热水器的外观图

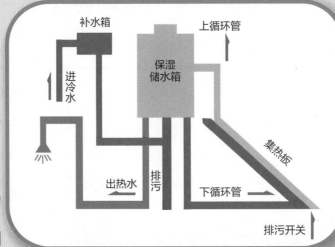

补水箱

上循环管

进冷水

保湿
储水箱

集热板

出热水 排污

下循环管

排污开关

太阳能热水器的结构图

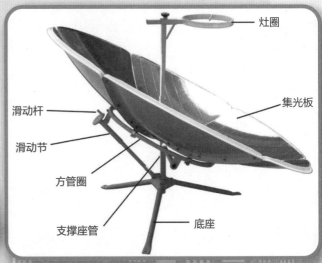

灶圈

集光板

滑动杆

滑动节

方管圈

支撑座管

底座

太阳灶的结构

太阳灶利用的也是太阳能，它是通过凹面镜聚光等形式获取热量的一种装置，主要用来烧水、做饭。在外形上，它很像卫星天线。

不过，卫星天线可不能烧水、做饭。

人类利用太阳能烹饪食物有着久远的历史，太阳灶是怎么来的呢？ 1860 年，法国人穆肖奉拿破仑三世之命，为驻非洲的法国军队研究出了一种新的煮饭方法：将抛物面镜反射的太阳能集中到悬挂的锅上，这样煮饭不用燃料，非常经济、方便。世界上的第一个太阳灶就这样诞生了。

太阳灶在广大农村，特别是在燃料缺乏的地区，具有很大的实用价值。因为方便、实用，太阳灶一问世就受到大众追捧。

到了 1889 年，在全世界范围内产生了许多太阳灶的专利，制造出了多种形式的太阳灶。

使用太阳灶不仅可以节约煤炭、电力、天然气，而且十分干净，毫无污染。所以，太阳灶是最经济实惠的太阳能利用装置。此外，制造太阳灶的技术并不复杂。

利用太阳能不仅可以烧水、做饭、取暖，还能发电，那么太阳能还有什么用途？

作为清洁能源，太阳能可以"干"的事情有很多，比如飞！

太阳能可以让飞机上天，可以让汽车疾驰。这可不是幻想，汽车不烧油、不用电，安装个太阳能电池板就能跑好几百千米！**太阳能将是未来交通工具的主要能源。**

20世纪50年代，科学家就开始进行太阳能汽车的研究。1978年，世界上第一辆太阳能汽车在英国研制成功，时速达到13千米。从此，一场太阳能汽车的研发比赛开始了。4年后，墨西哥研制出三轮太阳能车，速度达到每小时40千米，但这辆汽车每天从太阳那里获得的电只够走40分钟，所以它还没法跑远路。太阳能汽车早期采用的单晶硅片太阳能电池板，它的能源转化率只有14%，这使汽车的续航里程只能维持10千米左右。这样低的能源转化率使太阳能汽车无法上路，只能停留在实验室研究阶段。

随着科学技术的进步，2003年澳大利亚太阳能汽车比赛上，荷兰制造的"Nuna Ⅱ"太阳能汽车用30小时54分跑完了3010千米的路程，创造了当时太阳能汽车最高时速170千米的世界纪录。

"Nuna Ⅱ"装配的是人造卫星用的砷化镓太阳能电池板，它可比普通太阳能电池多吸收20%的太阳能。

同时，"能量高峰跟踪系统"保证了普通电池电力与太阳能电池电力之间的优化平衡，即便遇上多云天气，"Nuna Ⅱ"仍能正常行驶。

"Nuna Ⅱ"太阳能汽车

太阳能汽车通过车身表面的太阳能电池板获得动力。这些电池板将太阳光及其他光能转化成电能，并通过蓄电池储存起来供电机使用。

理论上，太阳能汽车完全不需要额外的电力输入，行驶全程不需要燃烧汽油或者柴油，因此不会排放任何有害物质。**太阳能汽车是真正意义上的零排放新能源汽车。**

科研人员研制的
各种太阳能汽车

1984年9月，距离第一辆太阳能汽车问世仅仅6年，我国首次研制的"太阳号"太阳能汽车就试验成功。太阳能汽车车顶上安装了2808块单晶硅片，组成10平方米的硅板，装有3个车轮，自重159千克，操作灵活，转向和变速方便，车速能达到每小时20千米。遇到阴雨、多云天气或者晚上，靠两个高效蓄电池供电，可连续行驶100千米。

1996年，清华大学研制成功"追日号"太阳能汽车。它的质量为800千克左右，最高车速能达到每小时80千米。**这辆汽车的亮点是它所使用的太阳能电池板，是我国自主研发的第五代电池板，太阳能转化率达到14%。**

2001年，上海交通大学里诞生了"思源号"太阳能汽车。这辆车无须任何燃料，只要在阳光下晒三四个小时，便能轻松跑上10多千米。"思源号"的外形像公园里的卡丁车，长2.1米、高0.8米，由5位师生花了4个月手工打造而成。驾驶室可以容纳两个中等身材的成年人。最高时速为50千米。但是"思源号"的蓄电池容量偏小，续航能力有限，无法成为真正的代步车。

经过多年努力，科研人员研制出砷化镓薄膜太阳能电池，转化率提升到了 **31% 左右**。安装了这种电池后，太阳能动力汽车每天仅依靠太阳能发电，就可以有 100 千米左右的续航里程。

这样，太阳能汽车就有可能进入市场，普通人也可使用了。

蠹鱼字典

太阳能跑车

Hanergy Solar R 太阳能跑车是汉能集团推出的一款概念车，前盖、车顶和侧面集成了柔性超薄的砷化镓薄膜太阳能芯片。理想情况下，光照 5~6 小时，芯片的日均发电量为 8 ~ 10 千瓦时，可以驱动汽车行驶 80 千米左右，每年可行驶 2 万千米以上，能够满足城市常规交通代步需要。

Hanergy Solar R 太阳能跑车

太阳能既然能驱动汽车，那么其他交通工具，比如轮船和飞机，也可以安装太阳能驱动装置。

据统计，如果将整个航运业当做一个国家，它将是全球第六大温室气体排放国。

看来，为了整个人类的未来着想，航运业应该使用太阳能。

"星球太阳"号太阳能动力船

2012年5月，世界上最大的全太阳能动力船"星球太阳"号成功完成环球旅行，抵达摩纳哥赫居里士港，受到了当地民众的热烈欢迎。这趟旅行历时584天，航程超过6万千米。

"星球太阳"号是一艘太阳能游艇，它是目前世界上最大的全太阳能动力双体船。它的船身上部铺有总面积达537平方米的太阳能电池板，为船体两侧配备的4个电动马达提供能量，该船的最大速度能达到每小时24千米。如果没有日照，船上的6个巨型充电锂电池可以保证该船继续航行。

环球旅行的成功证明在太阳能的驱动下，游艇能够在波涛汹涌的大海中顺利航行。

"星球太阳"号证实了太阳能做船舶动力的可行性。在"中远腾飞"号货轮上安装的船舶太阳能离网及并网光伏系统，则证明在大型船只上使用太阳能的实用性。

"中远腾飞"号货轮

"中远腾飞"号货轮上的太阳能电池甲板

　　"中远腾飞"号的这套光伏系统属于国家级重大科研项目，旨在研究在海洋环境下利用太阳能混合动力系统向大型汽车运输船提供电力，实现船舶节能减排。

"中远腾飞"号安装了这套系统发电成功后，每年可节约 85 万元燃油费，加上同时安装的 LED 节能灯，可节油 320 余吨。

　　太阳能驱动船只不是科幻，太阳能在飞机上的应用也不是科幻。飞机可是地球上离太阳最近的交通工具，所以使用太阳能的话会更方便、直接。

在地面上的"阳光动力2号"

"阳光动力2号"在空中飞行

微信扫码

◀◀◀ 想看更多让孩子着
迷的科普小知识吗？
★ 活泼生动的科技
能源百科
★ 有趣易懂的科普
小知识

2016年，当时全球最大的太阳能飞机"阳光动力2号"完成了环球旅行，行程为3.5万千米。

这架太阳能飞机的翼展达到72米，超过了体积最大的商用客机，但却仅有2300千克重，与一辆家用汽车相当。

这是因为飞机采用了碳纤维材料和聚氨酯零部件。

"阳光动力 2 号"的机身上一共安装了 1.7 万片太阳能电池，飞行所需能量完全由太阳能电池提供。

如果是夜间飞行，飞机就靠储蓄在电池里的太阳能来驱动 4 个引擎。

一架飞机不用燃料就能日夜飞行，这在历史上是首创之举，也是人类多年来的梦想。这样的飞机能减少对环境的污染，低碳环保，成本低。可用于大气研究、天气预报、环境及灾害监测、农作物遥测、交通管制、电信和电视服务、自然保护区监控、外星球探测等；还可在军事上用于边境巡逻、侦察、通信中继、电子对抗等任务。

太阳能飞机的应用前景很好，国际航空运输协会希望能在 2050 年实现飞行器的碳排放量为零。

太阳能飞机要想得到广泛应用，必须解决一些问题才行。

由于太阳辐射的能量密度小，为了获得足够的能量，飞机就必须有较大的获取阳光的表面积，以便铺设太阳能电池，因此要求太阳能飞机的机翼面积较大，如果需要机舱载人，就必须提高太阳能电池的转化率。

太阳能飞机对气动设计与动力系统的要求很高。

为了获得足够的升力，在太阳能飞机上使用了大量的碳纤维复合材料以降低自重，但飞机大而轻，受气流的影响会相应增大。还有飞行环境的变化，日均太阳辐射、平均气温等都会影响动力的输出。

有了"阳光动力2号"的示范作用，科研工作者会继续努力。

终有一天，我们会研制出性价比合适的太阳能飞机，让它安静地飞上蓝天。

结束语 到太空中取太阳能

在太空中飞行的人造卫星、宇宙飞船、空间站等，由于在太空环境中不能使用传统的供电方式，太阳能便成为其电力的重要来源之一。

我国最早应用太阳能电池的，就是"东方红二号"卫星。

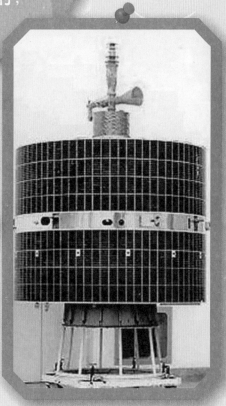

早有科学家提出构想，利用卫星在太空中吸收太阳能，然后把能量转化为微波传送回地球。

"东方红二号"卫星

这样做非常麻烦，为什么不直接在地球上多建造几块太阳能电池板？

在地球上，由于大气、云雾等的遮挡，以及受阴雨天和地球自转的影响，并不能24小时接受太阳光照，这成为太阳能发电的一个短板。在太空中则完全不受上述影响，可以极大程度地提高光电转化率。

随着航天技术的发展，人类可以在太空源源不断地利用太阳能。

目前，我国就有在太空建立光伏电站的计划。中国太空光伏电站将按照四步走设想向前推进，2011~2020年的第一阶段进行太空电站的验证与设计，2021~2025年的第二阶段将建成第一个低轨道空间电站系统，2026~2040年的第三阶段将发射太空电站系统并完成组装，2036~2050年正式实现电站商业运营，设计寿命30年。

据估算，太空电站预计要花费8万亿元，相当于上百个三峡电站的成本。不过随着中国经济的高速发展，继续发扬我们的"两弹一星"和"载人航天"精神，相信太空电站不会遥远。

我国的科研人员正在不懈努力，并提出了一些合理的设想，争取在2025 年之前在太空中建成第一个低轨道空间电站，在 2040 年进行太空电站的最后组装，完成这个数平方千米大、造福人类的"太空三峡工程"。

太空电站概念图

地球在太阳系中只是一个微不足道的小点，它可以接收到的太阳能只占太阳表面发出总能量的极小一部分，所以，**从太空中得到的太阳能将成为人类未来的主要能源。**

我们可以做这样一个畅想，当人类在太空建立了数量庞大的太阳能发电站时，它们组成的阵列将会把整个太阳包裹起来，这样，几乎太阳的所有能量都可以为人类所用。

1960 年，弗里曼·戴森就提出了这样一种理论，建造人工天体或一系列这样的结构来包围太阳。

这个理论很快得到一些爱狂想的工程学家和科幻作家的钟爱，并冠以"戴森球"之名。

"戴森球"，其实就是没想中的直径 2 亿千米左右的巨型人造结构，这样一个"球体"是由环绕太阳的卫星所构成，完全包围恒星并且获得其绝大多数或全部的能量输出。开采恒星能的人造天体，相当于一个利用恒星作为动力源的天然的核聚变反应堆。

建造"戴森球"，以现在人类的科技水平根本实现不了。连需要的材料，地球都无法满足。

未来的人类如果真要建造这样的工程，很可能需要把水星、金星等天体拆掉，才能满足所需。

建成后，人类可以把居住地和工业基地都搬到"戴森球"上，那将是一个多么广阔的世界，拥有多么强大的文明！

戴森认为这样的结构是在宇宙中长期存在并且能源需求不断上升的文明的必然需求，并且他建议搜寻这样的人造天体结构以便找到外星超级文明。

"戴森球"概念示意图

"太阳帆"概念图

除了利用太阳的光和热发电，太阳光的光压和太阳风在不远的将来也会成为一种能源，如利用太阳风驱动的"太阳帆"。

装有"太阳帆"的宇宙飞船可以像地球上的帆船一样，在太阳系中扬帆远航，为人类探索太阳系提供源源不断的动力。

随着对太阳能的深入了解，对太阳能的利用还会有新的突破。有人甚至期望，人类个体能像植物那样，仅仅依靠光合作用就能满足能量所需，那将是另一种别样的未来。